SOUS PRESSE.

DU MÊME AUTEUR.

Pour paraître prochainement.

ESSAI

SUR LE ROSSIGNOL.

Brochure in-8°, avec planche coloriée.

Dessins de M. Édouard Traviès.

ESSAI

Sur le Troglodyte.

Brochure in-8°, avec planche coloriée.

Dessins de M. Édouard Traviès.

ESSAI

SUR LA

FAUVETTE A TÊTE NOIRE

ET LES FAUVETTES EN GÉNÉRAL.

Brochure in-8°, avec planches coloriées.

DESSINS DE M. ÉDOUARD TRAVIÈS.

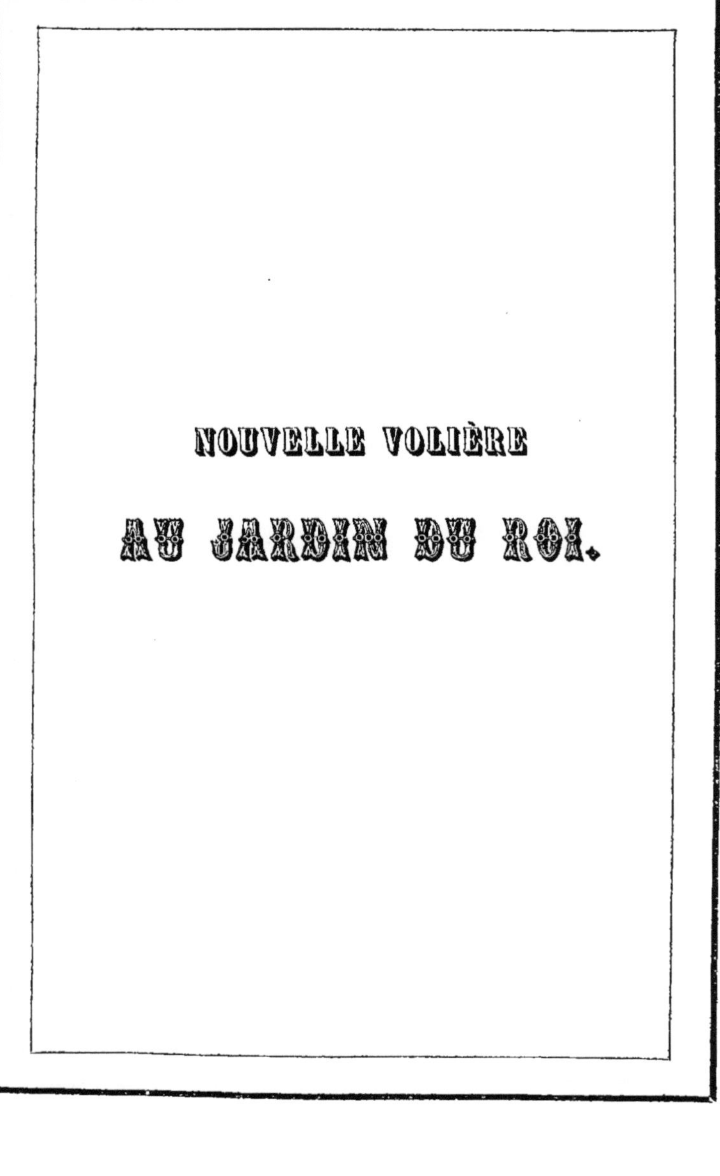
NOUVELLE VOLIÈRE
AU JARDIN DU ROI.

TYPOGRAPHIE DE PECQUEREAU ET Cie,

38, RUE DE LA HARPE.

CONSIDÉRATIONS

SUR L'ÉTABLISSEMENT

D'UNE

NOUVELLE VOLIÈRE

AU JARDIN DU ROI,

Adressées à S. M. la Reine des Français,

PAR AUGUSTE DÉCLÉMY.

PARIS

L. CURMER, ÉDITEUR,

49, RUE DE RICHELIEU.

1841

Bien que, dans l'ordre général de la création, les oiseaux soient les êtres les plus dignes de l'attention de l'homme, et qu'ils forment une des branches les plus importantes de l'histoire naturelle, cependant l'étude qui a pour objet leur connaissance, l'ornithologie, est sinon tout à fait abandonnée, du moins fort négligée, et à

Paris même, parmi ceux qui s'adonnent aux différentes parties des sciences naturelles, celle dont nous parlons est la moins cultivée.

Il nous serait pénible d'avoir à signaler à Votre Majesté cette indifférence, si l'examen des causes qui ont pu l'amener ne nous avait conduit à trouver les moyens les plus propres à remettre en faveur cette division de l'étude de la nature.

Si nous jetons un coup d'œil sur les importants travaux auxquels l'ornithologie a donné lieu à différentes époques et dans tous les pays, c'est alors surtout que nous devons être étonné du délaissement dont elle se trouve frappée aujourd'hui.

En prenant cette science à son berceau, nous voyons d'abord qu'elle a fixé l'attention de deux grands hommes, Aristote chez les Grecs, puis, quatre cents ans plus tard, Pline chez les Romains; mais leurs ouvrages sont pleins d'erreurs et ne peuvent servir qu'à montrer les efforts de deux hommes de génie, qui, les premiers, et chez deux nations différentes, ont prouvé tout l'intérêt qu'inspire la recherche des secrets de la nature. En posant les premières bases de cet ordre d'études, ils ont préparé une voie qui ne devait être reprise que dans un temps bien éloigné.

En effet, de Pline jusqu'au milieu du XVe siècle, nous voyons l'ornithologie, et avec elle toutes les autres sciences, rester stationnaire. Elle ne reprend vie que vers 1555, sous la plume de deux médecins, aussi dans deux pays différents : Belon en France, et Gesner en Allemagne.

On trouve dans les écrits du premier une sorte de classification qui indique dans son auteur une grande lucidité d'observation; le second envisage les oiseaux sous un point de vue nouveau, et donne sur beaucoup d'espèces de bonnes descriptions faites d'après nature.

Après ces deux hommes, qui dotèrent en quelque sorte la science d'une vie nouvelle, paraît Aldrovande, dont les ouvrages ne sont, à vrai dire, qu'une compilation sans goût et sans talent de ce qu'avait écrit Belon sur le même sujet, quarante ans auparavant.

Nous pardonnera-t-on de placer ici notre bon La Fontaine? Quel naturaliste a peint mieux que lui les animaux? lequel eut jamais de leurs mœurs une connaissance plus parfaite? Nous n'en citerons que deux exemples pris entre mille :

Un jour sur ses longs pieds allait je ne sais où
Le héron au long bec emmanché d'un long cou.
Il côtoyait une rivière.

. . . . ; le peuple vautour,
Au bec retors, à la tranchante serre,
Pour un chien mort se fit, dit-on, la guerre.

Ouvrez les livres d'histoire naturelle, vous n'y trouverez rien à ajouter à ces peintures naïves, souvent originales, toujours simples, toujours vraies.

En 1666, le savant Perrault applique l'anatomie à l'étude des oiseaux, et ouvre par là une nouvelle voie aux connaissances. Son ouvrage le plus remarquable en ce genre est sa *Mécanique des oiseaux,* traité rempli d'observations curieuses sur leurs divers organes et sur l'usage qu'ils en font. Dans un autre de ses écrits, il réfute avec beaucoup de talent les anciens préjugés accrédités sur le pélican.

Marchant sur les traces du naturaliste français, Borrichius et Bartholin, à Copenhague, font faire à la science un grand pas en appliquant la méthode de leur devancier, l'un à l'étude spéciale des aigles, l'autre à celle des paons et des colombes.

Jusque là cependant la science n'a encore été soumise à aucune règle, les principes n'en sont formulés nulle part; mais de grandes et nouvelles découvertes venant sans cesse faire connaître de nouvelles variétés d'espèces, le besoin de méthodes se fait sentir. C'est alors que deux naturalistes anglais, Ray et Willughby, publient à Londres, en 1675 et 1677, l'un son *Catalogue des oiseaux*, l'autre son *Ornithologie*. Leurs systèmes de classification, quoique imparfaits encore, deviennent cependant les premières bases d'une science qui paraît devoir suivre désormais une marche progressive et plus assurée. Le dernier de ces ouvrages surtout mérite d'être mentionné, en ce que Linné le prit longtemps pour guide.

Mais avant l'apparition de ce grand maître il nous reste encore quelques travaux à signaler.

Enregistrons d'abord, mais seulement pour la singularité du fait, le *Traité spécial sur l'origine des macreuses*, de Graindorge, docteur en la Faculté de Montpellier; traité dans lequel sont reproduites avec une bonhomie vraiment curieuse toutes les absurdités publiées sur cet oiseau et plusieurs autres de la même espèce, et que Belon avait combattues déjà, un siècle auparavant *.

Dans le même temps, Focius fait imprimer à Copenhague une dissertation savante sur les migrations hivernales des cigognes, tandis qu'à Londres paraît la relation d'un voyage aux Antilles, de Sloane, dans lequel se trouvent décrits plusieurs oiseaux jusque là mal connus.

* Ces erreurs consistent à prétendre, de la part des uns, que ces oiseaux ont une origine végétale et proviennent de la transformation des feuilles ; de la part des autres, qu'ils naissent d'une coquille appelée, de là, *conque anatifère;* de la part de certains autres, enfin, qu'ils sont dus à un fruit qui, tombant dans l'eau à sa maturité, se change en oiseau. De là vient que, de nos jours encore, la macreuse est considérée par l'église comme substance maigre, et rangée au nombre des mets dont elle permet l'usage le vendredi-saint et autres jours réservés.

En 1726, dans un ouvrage médiocre quant au fond, mais exécuté avec beaucoup de luxe, Marsilly offre la description d'un grand nombre d'oiseaux qu'il a observés sur le Danube et sur ses bords. Quelques années plus tard, Catesby donne à Londres l'*Histoire des oiseaux de la Caroline, de la Floride et des îles Bahama,* avec planches coloriées. Aucun ouvrage aussi beau en ce genre n'avait encore été publié en Angleterre.

En 1734, Seba commence à Amsterdam l'impression de son grand ouvrage, que son gendre continue après sa mort, et qu'il enrichit de belles planches. Dans le même temps, Frisch donne à Berlin le commencement de son *Histoire naturelle des oiseaux de l'Allemagne,* travail qui n'est pas sans mérite. Arrêté aussi par la mort de son auteur, cet ouvrage est continué par son fils, qui le termine en 1765.

Enfin, en 1735, paraît à Leyde la première édition du *Système de la nature,* de Linné. Ce travail, malgré ses imperfections, fait pressentir dans son auteur l'homme supérieur, le réformateur des erreurs accréditées jusque alors dans la science, flambeau qui doit jeter une lumière nouvelle sur l'étude de la nature et sur ses phénomènes les plus importants.

Pendant que ce grand philosophe perfectionne incessamment son œuvre, voit grandir sa gloire et se multiplier les éditions de son livre (douze dans l'espace de trente ans), récompense méritée de son génie persévérant, apparaissent quelques travaux qui ne sont pas tous également exempts d'erreurs, sans doute parce que leurs auteurs refusèrent de recourir à la source qui venait de se manifester.

En effet, Edwards publie à Londres, en 1745, un ouvrage estimé encore aujourd'hui pour l'exactitude des figures coloriées qui l'accompagnent, et qui valut à son auteur la médaille d'or que la Société royale décerne chaque année à celui qui produit le meilleur livre. Nous trouvons de très bonnes observations dans l'*Histoire naturelle de l'Islande et du Groënland*, publiée à Paris par Anderson; d'excellentes figures dans l'*Histoire naturelle et civile de la Jamaïque*, par Brown; des descriptions d'une grande fidélité dans l'*Ornithologie* de Brisson, imprimée à Paris; puis, dans l'*Ornithologie boréale*, de Brünnick, des matériaux utiles, quoique incomplets. Mais, d'un autre côté, Barrère publie à Paris et à Perpignan, en 1741 et 1745, dans un *Essai sur l'histoire naturelle de la France équinoxiale,* une méthode ornithologique qui n'a pas de succès, les principes émis par l'auteur se trouvant en opposition avec ceux qu'avait posés, peu d'années auparavant, le savant naturaliste suédois. On peut en dire autant d'un *Prodrome d'une histoire des oiseaux,* publié à Lubeck par Klein, ouvrage dans lequel l'auteur, méprisant les principes et la méthode du maître, crée des divisions arbitraires qu'il établit sur des bases fausses et propres à introduire de nouveau le désordre et la confusion dans l'étude de l'ornithologie.

Mais pendant ce temps Linné prépare la dernière édition de son ouvrage, qui paraît en 1766, et dans laquelle sont établies les bases de la science, telles qu'elles sont encore généralement suivies aujourd'hui.

Si, à cette époque, une partie de la gloire du naturaliste suédois rejaillit sur sa patrie, la France est fière de posséder Buffon, homme aux idées grandes et nobles, à l'imagination ardente. Pendant que l'historien du Nord soumet aux rigueurs d'un système absolu, mais rationnel, tous les objets de la création, qu'il les analyse dans toutes leurs parties et dans tous leurs détails, l'historien français, lui, choisit indifféremment dans le nombre l'objet qui lui plaît le plus, pour l'embellir des charmes et du prestige brillant de son esprit. Le premier organise la science, le second la poétise; et si ces deux hommes vécurent ennemis, c'est qu'ils eurent la conscience de leur valeur respective, et que trop souvent la rivalité de mérite engendre la haine; mais ils durent croire que la postérité, oubliant ce tort et confondant leur mémoire, associerait à tout jamais leurs noms pour leur rendre un égal tribut d'hommages et d'admiration.

C'est en 1770 que Buffon publie les premiers volumes de son histoire des oiseaux, à la description desquels on voit qu'il se complaît surtout à prodiguer la richesse et l'éclat de son style. Abusant en quelque sorte de l'autorité que donne le talent, il se plaît parfois à accréditer des erreurs trop évidentes; mais on ne peut nier qu'il ne mette au jour de grandes vérités, vérités que, comme il le dit lui-même, il « *apercevait avec la vue de l'esprit.* »

A cette époque, Daubenton le jeune publie un grand nombre de planches coloriées et d'un grand mérite, destinées à orner cette histoire des oiseaux.

Après Linné et Buffon, qui viennent de poser les bases des connaissances actuelles, les travaux ornithologiques prennent chaque jour une importance plus grande. A la vérité, l'élan est donné, la voie est tracée : honneur à ceux qui l'ont bien suivie, et indulgence pour ceux qui furent moins heureux, car tous sans doute avaient le même désir de bien faire.

A partir donc de cette grande époque jusqu'à la venue de Cuvier, apparaissent, pour l'honneur et les progrès de la science, et dans une succession rapide, Pallas, qui donne à Berlin un recueil ornithologique écrit dans le même système que l'histoire des oiseaux de Buffon, et qui, au style près, a le même mérite. Il publie aussi, à Paris et à Saint-Pétersbourg, à diverses époques, de bonnes descriptions d'espèces nouvelles observées par lui dans le nord de l'Europe et de l'Asie.

C'est aussi dans le même temps que Latham publie à Londres d'excellents ouvrages, entre autres son *Catalogue des oiseaux*, travail que personne encore n'a entrepris de refondre ou de modifier, et dans lequel ce savant naturaliste a établi une méthode claire et bien raisonnée, qu'il sut tirer avec un rare bonheur de l'analyse des traités du même genre publiés avant lui. Vient ensuite Pennant, aussi à Londres, auteur non moins laborieux, et dont les écrits ont un égal mérite.

Mentionnons aussi Mauduyt pour ses travaux dans l'*Encyclopédie méthodique;* Gmelin, pour la treizième édition du

Système de la nature, de Linné, augmenté de quelques genres nouveaux; Shaw, pour ses *Mélanges d'histoire naturelle;* Bruce, pour la relation de son voyage en Abyssinie; Fabricius, pour sa *Faune du Groënland;* Forster, pour son *Recueil des oiseaux les plus rares de l'Inde,* ouvrage estimé et fort répandu; puis enfin Bewick, Bechstein, et tant d'autres que nous omettons de citer, bien que, par les travaux en tout genre auxquels ils se sont livrés, ils aient droit à notre mention et à notre reconnaissance.

Enfin, en 1798, s'annonce pour l'ornithologie une ère nouvelle : Cuvier donne dans son *Tableau élémentaire d'histoire naturelle* une classification des oiseaux, bien imparfaite encore, mais qu'il doit perfectionner pour la reproduire plus tard dans son *Règne animal,* classification qui fait déjà pressentir l'homme au génie puissant, aux conceptions vastes et profondes.

Sans doute, avant lui, de grandes choses avaient été faites par les savants méthodistes de tous les pays; mais ce n'était pas assez de ces découvertes et de ces classifications qui ne sont établies, le plus souvent, que sur la conformation extérieure des individus : il fallait encore, pour asseoir la science sur des principes certains, entrer dans des considérations d'un ordre plus élevé, établir des bases plus sûres, plus exactes, plus précises enfin; il fallait fouiller, pour ainsi dire, dans l'organisation des êtres, les étudier non plus superficiellement, par groupes ou par familles, mais un à un; scruter avec détail leur conformation intérieure; saisir, au moyen de la physiologie, leurs points de rapprochement et de rencontre non seulement avec les individus de leur espèce, mais aussi avec tel ou tel autre être de la création. C'est ce dont la science est redevable au talent de Cuvier, qui fit concourir à ce grand résultat toutes les ressources que fournissent les différentes branches des sciences naturelles. Et il a porté dans l'étude des organes des animaux un regard si profond et si intelligent, il est arrivé à des conclusions tellement justes et rationnelles, que ses travaux sont, pour les écrivains venus avant lui, la condamnation de tous leurs errements et la fixation de toutes les fluctuations qu'on rencontre dans leurs écrits; et, pour ceux appelés à lui succéder, non seulement un guide certain, mais encore un empêchement à toute classification nouvelle qui tenterait de s'établir sur des principes étrangers ou contraires à ceux qu'il a émis, son système reposant sur des bases rigoureuses, absolues, immuables, pour ainsi dire, puisées toutes dans la nature même, à l'aide principalement du flambeau de l'anatomie comparée.

Dans le monument élevé récemment à cet homme illustre, au Jardin du Roi, c'est une heureuse idée de l'avoir représenté non pas la main simplement appuyée sur le globe, mais pénétrant dans le globe même. C'est avoir peint d'un seul trait cet homme prodigieux. En effet, il a creusé le sol, il a sondé les entrailles de la terre, et il a fait surgir à la surface une création nouvelle, tout un monde de vérités désormais acquises à la science, éclairées qu'elles sont des rayons du génie de leur auteur et de la lumière du soleil.

Aussi, pour la partie rigoureusement scientifique, Cuvier est réellement le grand maître. Lumière de son siècle, ses enseignements feront à jamais époque dans les annales de la science, et pour l'impulsion qu'ils lui ont donnée et pour la voie qu'ils lui ont tracée. Sa patrie est fière de l'avoir possédé : elle garde de lui un religieux souvenir.

Nous ne saurions sans la plus grande injustice ne pas signaler aussi à l'attention de Votre Majesté M. Geoffroy Saint-Hilaire père, qui a rendu de si longs et si grands services à la science, et son fils, qui vient de lui succéder dans la chaire de zoologie, à laquelle il s'était depuis longtemps acquis des droits incontestables; puis MM. Valenciennes, de Blainville, Duméril, Dumont de Sainte-Croix, Drapiez, de Humboldt, Illiger, Lichtenstein, Risso, Savi, Forskael, Hammer, Nilson, Yarrel, Wagler, et encore un grand nombre d'autres hommes d'un grand mérite. Tous contemporains et élèves pour la plupart du célèbre naturaliste que la France regrette, ils ont puissamment contribué à agrandir le cercle des connaissances qui font l'objet de nos recherches, tantôt par des études sérieuses et des considérations générales sur la nature des oiseaux, tantôt par des vues partielles propres à certains genres, à certaines espèces. Beaucoup d'entre eux vivent encore, et, dans la carrière qu'ils ont embrassée, ils s'acquerront de nouveaux titres. Leurs travaux se trouvent consignés dans des traités spéciaux et particuliers, dans les différents recueils académiques, dans les mémoires et actes des sociétés savantes de tous les pays.

D'un autre côté, des voyageurs aussi distingués que courageux ont recueilli un grand nombre d'espèces nouvelles qui enrichissent les diverses collections d'Europe. Ces découvertes ont été publiées à diverses époques aux frais et sous les auspices du gouvernement, et les ouvrages qui les mentionnent, monuments élevés à la science par la munificence des rois, sont des chefs-d'œuvre de typographie, de gravure et de peinture.

Ce sont : l'*Histoire naturelle des oiseaux d'Afrique,* par Levaillant; sa belle *Histoire des perroquets;* sa description plus belle encore des oiseaux de paradis, des rolliers, des toucans et des barbus; celle des oiseaux rares de l'Amérique et des Indes; l'*Histoire des oiseaux dorés,* par Audebert et Vieillot; puis, par ce dernier seul, l'*Histoire des oiseaux chanteurs de la zone torride;* celle d'une partie des oiseaux de l'Amérique-Septentrionale; la

Galerie des oiseaux rares et non encore décrits du Muséum de Paris, tous ouvrages d'un grand mérite et richement exécutés; l'*Histoire naturelle des tangaras, des manakins et des todiers,* par Desmarest, ouvrage qui rivalise sous tous les rapports avec ceux de Levaillant et de Vieillot; l'*Histoire naturelle et mythologique de l'ibis,* par Savigny, laquelle fut comme le prélude de la coopération de ce savant naturaliste à la rédaction du grand ouvrage de la commission d'Égypte, entrepris par ordre de Napoléon, pour éterniser par un monument durable et grandiose l'apparition audacieuse du drapeau français sur la terre des Ptolémées, si riche en grands et sublimes souvenirs; les travaux d'un si haut intérêt de Quoy et Gaimard, extraits de deux voyages de découvertes entrepris le premier sur *l'Uranie,* le second sur *l'Astrolabe;* ceux de MM. Alc. d'Orbigny et Gay, qui nous ont envoyé, le premier, des principales parties de l'Amérique-Méridionale, le second, du Chily, des trésors de toute espèce; puis enfin ceux de M. Lesson, sur les oiseaux-mouches, dans un voyage semblable sur la corvette du Roi, *la Coquille*.

Mentionnons aussi parmi les illustrations ornithologiques les riches peintures sur vélins contenues dans les portefeuilles de la bibliothèque du Jardin des plantes; les belles planches coloriées de M. Temminck, pour son *Histoire des pigeons et des gallinacés;* le magnifique *Recueil des oiseaux coloriés,* par le même et M. Meiffren-Laugier, la nombreuse collection de planches d'oiseaux, coloriées, publiée à Londres par le peintre Donavan; et enfin le *Dictionnaire universel d'histoire naturelle,* que publie en ce moment M. Ch.

d'Orbigny, ouvrage que le concours des hommes les plus instruits de France recommande d'une manière si spéciale, et que la rare perfection de ses planches coloriées, dues à l'habile pinceau de M. Édouard Traviès, met au dessus des plus beaux livres d'histoire naturelle publiés jusqu'à ce jour; et aussi, par le même dessinateur, dont le nom est attaché à toute belle entreprise, les oiseaux coloriés de l'*Histoire naturelle de Cuba*, par M. Ramon de la Sagra.

En considérant tous ces travaux auxquels l'ornithologie a donné naissance, et que nous venons de signaler, Votre Majesté devra naturellement être conduite à penser que cette science est la bien-aimée entre toutes, celle vers laquelle les études se portent de préférence. Il n'en est point ainsi cependant; et à considérer l'espèce de délaissement où elle est tombée, il semblerait que l'aigle, dépouillé du prestige attaché à son histoire, a abandonné nos montagnes, du haut desquelles, roi par la force, roi par le courage, il étendait son pouvoir et sa domination; que le rossignol a cessé ses chants, que la fauvette a fui nos bosquets, que la colombe a déserté nos bois, et que nos campagnes enfin, désormais sans voix et sans harmonie, sont devenues désertes, tristes et silencieuses.

Dans cet état de choses, et quelles que soient les causes qui semblent avoir fait de l'ornithologie le domaine presque exclusif de quelques riches savants, nous croyons qu'il est possible de lui rendre toute la faveur qu'elle mérite, et nous espérons qu'une nouvelle volière érigée sous vos auspices devra contribuer très efficacement à rappeler l'attention vers cette étude et à lui donner une grande et salutaire impulsion. Quand on saura que la science vous doit cet établissement, destiné à devenir pour les professeurs un puissant moyen d'enseignement ; quand on saura que le Jardin du Roi est redevable à vos soins et à votre générosité de son plus bel ornement, et qu'ainsi se trouve comblée dans ses richesses une lacune immense, si vivement déplorée par tous les visiteurs, tout le monde voudra connaître mieux les oiseaux ; et l'ornithologie, protégée, encouragée par vous, deviendra une étude de goût, de passion, presque de mode : car tout ce que favorise une Reine aimée excite l'enthousiasme et l'admiration. Les dames, les jeunes personnes surtout y trouveront une occupation pleine de charme et d'attrait, une source abondante d'émotions innocentes et douces, soit qu'elles en fassent une étude sérieuse et approfondie, soit qu'y consacrant simplement leurs loisirs, elles ne veuillent y puiser que la connaissance des petits oiseaux de volière ou d'agrément, aimables prisonniers soumis à leurs caprices, compagnons de leur enfance, témoins de leurs joies, confidents discrets de leurs petites peines.

A la vue des nombreuses richesses en tout genre recueillies sur tous les points du globe et amassées à grands frais au Jardin des plantes, où elles sont distribuées avec un ordre si grand et un arrangement si parfait, à la vue de ces merveilles de toutes les parties du monde, qui n'est pas étonné de ne point trouver là, rassemblés dans de majestueuses volières, les petits oiseaux de France et ceux des pays étrangers qui peuvent vivre en cage?

Cette volière, en effet, disposée comme nous l'entendons, serait l'objet devant lequel les visiteurs de toutes les classes, les dames surtout, s'arrêteraient avec le plus de plaisir.

N'est-il pas fâcheux d'ailleurs de voir que le Jardin des plantes, auquel on peut sans crainte assigner le premier rang parmi les établissements du même genre en Europe, se trouve en quelque sorte, à Paris même, sous le point de vue que nous signalons ici, au dessous de certaines maisons de particuliers où les propriétaires, jaloux de cette richesse, n'admettent qu'un petit nombre d'élus, faisant ainsi de ces volières, fort restreintes, du reste, dont ils ornent les balcons ou les jardins de leurs hôtels, un objet de luxe et d'agrément privé, trésor interdit à l'étude et à la science.

Mais en appelant aujourd'hui votre attention sur ce point, nous sommes préoccupé surtout de l'intérêt de l'ornithologie, cette branche la plus intéressante, sans contredit, de l'histoire naturelle, et sur laquelle cependant il y a encore tant à faire, par la difficulté de bien observer la plupart des petits oiseaux, ceux des pays étrangers et lointains surtout, relégués qu'ils sont dans des contrées peu connues et incomplètement explorées jusque alors.

A part quelques espèces d'oiseaux, toujours les mêmes, qui nous arrivent vivants des pays étrangers, ceux que nous possédons au Muséum d'histoire naturelle et dans les différentes collections de savants et d'amateurs ont été achetés en peaux, le plus souvent sans aucune notice indicative du nom de l'individu, de son espèce, du lieu d'où il vient, et bien moins encore sans aucun document sur ses mœurs et ses habitudes.

Dans cet état de choses, et tout en laissant de côté le point de vue de luxe et d'ornement, l'on concevra encore facilement tout l'avantage que la science pourrait attendre de la création d'une volière telle que nous la demandons, puisque les naturalistes trouveraient rassemblés dans ses compartiments, à leur portée et sous leurs yeux, un grand nombre d'oiseaux que la plupart d'entre eux n'ont jamais vus vivants et dont ils n'ont pu parler que d'après des renseignements souvent inexacts et quelquefois faux.

Sans doute, sous plus d'un rapport, la vie de ces oiseaux, à l'état de captivité, sera bien différente de leur vie à l'état de liberté; cependant nous croyons qu'il y aura encore pour le naturaliste éclairé bien des observations curieuses à faire, et qu'un jour éclatant sera enfin jeté sur des faits complètement ignorés jusqu'à présent, tandis que d'autres qu'on regardait comme acquis à la science seront ou détruits ou modifiés.

Par suite d'une longue étude de la nature des oiseaux en général et de l'observation rigoureuse et attentive de leur manière de vivre à l'état de captivité, nous avons acquis sur ce point une connaissance spéciale, basée sur des notions positives, d'où résulte pour nous la possibilité d'acclimater en France et d'y faire vivre en cage non seulement toute espèce de granivores, mais encore les insectivores, et même les colibris et les oiseaux-mouches, si délicats et si petits, comme l'indique leur nom.

La nouveauté, l'étrangeté même de cette dernière assertion est de nature, nous ne nous le dissimulons pas, à soulever bien des doutes. Cependant, comme nous y avons longtemps et mûrement réfléchi, c'est avec une entière conviction que nous l'avançons.

Quelques rares essais ont bien été tentés dans le même but, nous le savons; mais, s'ils n'ont pas été heureux, il ne faut l'attribuer qu'à l'impuissance où l'on s'est trouvé de remplacer pour ces petits oiseaux, par une nourriture convenable, celle qu'ils trouvent à l'état de liberté.

Il eût été difficile de procéder à cet égard d'une manière certaine, les naturalistes étant encore partagés d'opinion sur ce point. Les uns, en effet, prétendent que les oiseaux-mouches se nourrissent exclusivement du suc des fleurs, tandis que d'autres pensent que les petits insectes qu'ils trouvent dans le calice de celles-ci forment la base de leur nourriture.

L'habitude constante qu'ont les oiseaux-mouches de se poser sur les fleurs, à la manière des papillons, la conformation de leur bec très allongé et de leur langue extensible et tubuleuse semblent confirmer l'opinion des premiers, qui se trouve combattue par la présence d'insectes dans l'œsophage de ces oiseaux *.

* J'ai assisté récemment à l'ouverture de plusieurs oiseaux-mouches reçus d'Amérique par une personne de ma connaissance. Ils avaient été envoyés dans une boîte de fer-blanc remplie de rum et hermétiquement fermée. La lettre qui accompagnait cet envoi portait que ces oiseaux avaient été plongés dans la liqueur aussitôt après avoir été pris. J'ai trouvé dans l'œsophage de plusieurs de petits insectes encore entiers.

Bien que cette dernière hypothèse nous paraisse la plus rationnelle, nous avons dû, pour l'application de nos principes à la manière de nourrir les différents oiseaux à l'état de captivité, admettre les deux cas possibles, afin de ne pas nous trouver en défaut au jour où il faudra passer de la théorie à la pratique.

Si nos espérances sont suivies du succès, nous aurons obtenu un beau résultat, sur lequel nous comptons surtout, nous devons le dire, pour faire prendre en plus grande considération le projet que nous avons l'honneur de soumettre à l'approbation de Votre Majesté.

A ne considérer notre proposition que sous son moindre aspect, celui d'ajouter au Jardin du Roi une nouvelle richesse, elle mérite déjà quelques égards; mais si on veut l'envisager sous le point de vue scientifique, elle prend un intérêt plus important, puisque son accomplissement doit fournir les moyens de résoudre bien des questions encore indécises sur la vie des petits oiseaux, questions dans la solution desquelles il y a tout un triomphe.

Nous avons étudié à fond notre sujet, et nous voudrions pouvoir dire à Votre Majesté, dès à présent, quelles sont les bases sur lesquelles nous fondons nos chances de réussite.

Ce n'est pas sans de grandes peines, sans de grands sacrifices que nous sommes arrivé à pouvoir faire vivre en cage toute espèce d'oiseaux; et l'on sentira, nous l'espérons, toute l'importance d'une découverte qui doit fournir aux naturalistes la facilité d'étudier de près, réunis sous leurs yeux, dans des volières, au Jardin des plantes même, les oiseaux-mouches et les colibris, dont l'histoire tout entière est à faire. Nous devons dire qu'à leur égard surtout la science pourra procéder d'une manière certaine, car la privation de liberté ne pourra apporter aucun changement ni dans leurs habitudes, ni dans leur manière de vivre, puisqu'en disposant leur volière selon nos vues, ils seront trompés sinon sur leur état de captivité, du moins sur leur extranéité, et qu'ils retrouveront sur la terre d'exil, loin de la mère-patrie, avec la température du pays natal, et ses arbres et ses fleurs, et tous les objets capables de leur rappeler les lieux qui les ont vus naître.

S'il nous était permis de déduire ici nos moyens, peut-être cesserait-on de croire à l'impossibilité pour le Jardin des plantes de donner à ces petits oiseaux les soins qu'ils réclament. Ce que l'on fait tous les jours dans cet établissement pour un autre ordre de la création, pour les végétaux, nous est un sûr garant que l'éducation de vos intéressants protégés ne rencontrerait pas d'obstacles plus sérieux ni plus insurmontables.

Dans ses nouvelles serres, par exemple, d'une construction si grandiose qu'on serait tenté de croire qu'elles sont sorties de terre par le coup de baguette d'une fée, si l'on ne savait qu'elles sont dues à M. Rohault, dans les deux pavillons surtout qui font à si juste titre l'admiration des étrangers et l'objet de leur envie, ne donne-t-on pas au sol les propriétés convenables à chaque arbre, à l'atmosphère le degré de chaleur approprié à la nature de chaque plante? Par la facilité avec laquelle on y produit à volonté toute espèce de température, ne s'est-on pas en quelque sorte assujetti toute la création? Reculant pour ainsi dire les bornes du possible, il n'y a jamais pour ce nouvel Éden ni frimas, ni glaces, jamais d'orage ni de vent contraire, constamment de beaux jours, des nuits calmes et douces. N'y fait-on pas croître en effet l'un à côté de l'autre et le cafier, originaire de l'Afrique-Orientale *, et la canne à sucre de l'Inde,

* C'est sous Louis XIV que fut apporté d'Allemagne à Paris le premier cafier qui parut en France. Planté dans une des serres du Jardin du Roi, à laquelle il donna son nom, il y grandit et porta des graines qui, semées, produisirent de jeunes arbrisseaux, dont trois furent confiés à Duclieux, avec mission de les transporter à la Martinique. La traversée ayant été mauvaise, deux de ces jeunes pieds périrent en route par la sècheresse des vents; le troisième put seul être conservé, grace au généreux partage que Duclieux fit avec lui de sa ration d'eau fraîche. Ce faible arbrisseau, rejeton d'un pied transporté d'abord de l'Yémen dans les serres de Leyde,

source de tant de richesse ; et le papyrus des Égyptiens, qui facilita aux Ptolémées la création de la bibliothèque d'Alexandrie ; et le mancenilier, dont l'écorce et le fruit renferment un poison violent avec lequel les Caraïbes empoisonnent leurs flèches, et le guaco de l'Amérique, dont les feuilles contiennent un suc qui préserve de la morsure des serpents, selon MM. de Humboldt et Bonpland ; n'y élève-t-on pas le latanier, si bien décrit par Bernardin de Saint-Pierre dans son charmant livre de *Paul et Virginie;* et le bananier, qui fournit aux Madécasses à la fois des feuilles dont ils couvrent leurs cases, une farine dont ils se nourrissent, une huile qui les éclaire, et au voyageur

puis dans celles de Paris, transporté lui-même sur le sol propice des Antilles françaises, s'y multiplia rapidement, et devint bientôt pour nos colonies une source abondante de richesse et de prospérité.

brûlé par les rayons du soleil une eau limpide qui le désaltère.

Si nous voulons prendre nos exemples dans un autre ordre, entrons un instant dans l'ancienne demeure des singes, et voyons quels nouveaux habitants ont remplacé ces joyeux compagnons.

Ce sont d'abord deux jeunes caïmans enlevés aux bords du Nil ; puis, dans des coffres garnis de couvertures de laine et de boîtes de fer-blanc pleines d'eau chaude, plusieurs serpents boas de dix ou douze pieds de long, qu'on nourrit avec des poulets et des lapins vivants *.

* Ces serpents changent de peau quatre fois par an ; et une femelle fécondée à la Ménagerie y a pondu quatorze œufs qu'elle a couvés avec la plus grande sollicitude. Ces deux faits seuls, que nous avons été à même de vérifier, prouvent ou que les

A côté de ces boas et dans une grande cage se trouvent deux serpents à sonnettes, de la plus grande taille, et dont la morsure donne une mort presque instantanée. Dans une cage voisine on voit, perché sur un petit arbre, un caméléon qu'il faut nourrir de mouches vivantes aussi bien l'hiver que l'été; puis des salamandres à l'histoire fabuleuse, des grenouilles d'Amérique, des tortues et des couleuvres de tous les pays.

Enfin, tout ce que l'administration du Jardin des plantes a fait et fait encore tous les jours nous prouve que rien ne lui est impossible.

naturalistes se sont trompés en avançant que ces animaux ne changent de peau qu'une fois par an, et qu'ils abandonnent à la chaleur de l'atmosphère le soin de faire éclore leurs œufs, ou que l'état de captivité et le changement de climat modifient singulièrement leur manière d'être.

D'ailleurs, dans la proposition que nous faisons d'établir une volière d'oiseaux étrangers, il est bien entendu que ces oiseaux non seulement auront été habitués à la cage dans leur pays natal, mais encore qu'ils arriveront à Paris après avoir supporté, comme garantie et comme condition de viabilité dans la demeure qui leur aura été préparée, tous les dangers et toutes les fatigues d'une traversée pénible et peut-être bien longue. Ce n'est donc pas à Paris qu'il faut redouter des obstacles que nous regardons comme imaginaires, car dès que ces oiseaux y seront arrivés, tout danger aura cessé d'exister pour eux.

Il y aura sans doute pour réussir bien des difficultés à vaincre; mais comme elles se révèleront dans les pays mêmes où il faudra aller chercher ces oiseaux, c'est là aussi qu'on aura dû les surmonter.

Cependant, comme nous ne faisons pas cette proposition sans l'avoir longtemps et mûrement méditée, nous répondons du succès de l'entreprise, si elle est confiée à des personnes intéressées à la faire réussir, et qui veuillent suivre nos instructions avec exactitude et intelligence. Nous allons exposer nettement ce que nous demandons.

Établir au Jardin des plantes, sur de grandes dimensions, une volière composée des petits oiseaux, tant de France que des autres pays, pouvant vivre en cage.

Pour peupler cette volière, nous aurons en oiseaux de France :

1° Les granivores; 2° les insectivores ou becs-fins; 3° les frugivores; 4° les colombes.

A l'égard des granivores, tels que le chardonneret, le pinson, la linotte, le verdier, le bouvreuil, etc., etc., nulle difficulté, tous vivant bien en cage, nourris des graines de nos champs.

Quant aux insectivores, tels que le rossignol, les fauvettes, le roitelet, etc., etc., qui, à l'état de liberté, vivent, les uns, tantôt de petits insectes, tantôt de petits fruits sauvages; les autres, uniquement d'insectes, leur état de domesticité présente parfois quelque difficulté, par la nécessité où l'on est de remplacer pour eux, par une nourriture artificielle, celle qu'ils trouvent en liberté. Cependant nous sommes parvenu à les conserver en cage aussi facilement que les premiers, au moyen d'une nourriture simple, facile à composer, d'un très bon usage pour ces oiseaux, et qui remplace avec un avantage extraordinaire les différentes pâtées de viande et de graines écrasées employées jusqu'à ce jour *.

Quant aux oiseaux qui vivent presque uniquement de fruits et de petites baies d'arbres sauvages, tels que le merle, la

* Maintenant encore, on nourrit les rossignols et quelques autres becs-fins avec une pâtée dans laquelle il entre beaucoup de cœur de bœuf, ce qui fait de la possession de ces oiseaux une sujétion que l'agrément de leur chant compense à peine. D'un autre côté, on ne peut avoir des rossignols en cage que dans les villes, parce que c'est là seulement qu'on peut se procurer facilement et tous les jours du cœur de bœuf. Après de nombreux essais qui m'ont coûté la vie de beaucoup d'oiseaux, je suis arrivé non seulement à supprimer de leur nourriture toute espèce de viande, mais encore à ne leur donner que des substances que l'on trouve partout et toujours, ce qui permet d'élever en cage des rossignols et toute espèce de petits oiseaux, dans les campagnes aussi bien que dans les villes. Cette découverte, obtenue par mes recherches, fait le sujet et la base de ma proposition.

grive, etc., notre pâtée leur convient, et pendant une grande partie de l'année on peut leur donner, à mesure de leur maturité, les fruits qu'ils aiment.

Pour les colombes, il n'est pas d'oiseaux plus faciles à élever en cage, et les graines sont leur nourriture ordinaire.

Nous avons encore en France un autre petit oiseau, le plus beau de tous, seul de son espèce dans nos pays, mais dont l'Afrique et l'Amérique nous offrent de nombreuses variétés, le martin-pêcheur, l'alcyon des anciens, sur le compte duquel leur imagination poétique s'est plu à broder tant de fables ingénieuses, et dont ils ont orné l'histoire de fictions si brillantes. Bien que cet oiseau ne vive que de petits poissons qu'il saisit à la surface de l'eau, nous l'avons conservé longtemps en cage.

Les oiseaux exotiques présentent les mêmes espèces que dans nos pays, mais avec beaucoup plus de variétés dans les genres; et il faut y ajouter les colibris et les oiseaux-mouches.

Quant aux granivores des pays étrangers, la question est depuis longtemps vidée, tous s'acclimatant et vivant bien en France, nourris de nos graines. Parmi eux se trouvent un grand nombre d'espèces au plumage très beau et très varié, au chant très agréable.

Ce que nous avons dit des insectivores de France est également applicable aux insectivores exotiques, et cette famille est riche en beaux oiseaux.

Les frugivores, qui se bornent à quelques espèces en Europe, mais que l'on trouve très multipliés dans les autres régions, sont très friands de nos fruits, et en outre notre pâtée leur convient.

Quant aux tourterelles et colombes en général, pour donner une idée de tout l'intérêt que méritent ces charmants oiseaux, nous ne saurions mieux faire que de renvoyer au magnifique recueil de planches coloriées de M. Temminck. Les pays étrangers en possèdent de nombreuses espèces aux formes les plus gracieuses, aux couleurs les plus délicates. Tous ces petits oiseaux peuvent vivre dans nos climats, sans exiger, pour ainsi dire, d'autres soins que ceux que nous donnons à nos pigeons et à nos tourterelles communes.

Viennent ensuite les colibris et les oiseaux-mouches, les plus petits de tous les oiseaux, et ceux aussi dont le plumage est orné des couleurs les plus variées et les plus brillantes.

Nous devons avouer que, pour ces derniers, nous nous attendons à rencontrer de grandes difficultés ; cependant nous avons une telle confiance en nos procédés, que nous croyons pouvoir, avec leur aide, arriver à conserver aussi en cage ces petits oiseaux; et, ce résultat obtenu, le plus intéressant, celui surtout vers lequel tendent tous nos désirs, il ne reste plus, d'une part, que les chances de la traversée, plus ou moins longue, plus ou moins favorable, mais, dans tous les cas, la même pour ces derniers que pour les autres, et, d'autre part, la question d'acclimatation, qui n'est pour nous l'objet d'aucun motif d'inquiétude, les autres obstacles une fois surmontés. Ce dernier fait a d'ailleurs en sa faveur la sanction de l'expérience, puisque tous les jours on voit à Paris de petits oiseaux d'un ordre différent, il est vrai, mais venant des mêmes régions *.

Nous sommes loin de prétendre que ces volières devront renfermer tous les petits oiseaux qui peuvent vivre en cage, mais seulement qu'il conviendra d'y rassembler les plus beaux, en nombre assez grand pour qu'elles soient convenablement garnies, sans confusion, sans encombrement,

* Vieillot, dans l'introduction de son beau recueil des oiseaux chanteurs de la zone torride, enseigne les précautions à prendre pour amener en France les petits oiseaux exotiques, les soins à leur donner pour les y acclimater, et la manière de les faire propager en captivité.

Ce célèbre ornithologiste est un bon guide en cette matière : il a consacré une partie de sa fortune à de nombreux essais de ce genre, et tout ce qu'il a publié sur ce sujet intéressant est chez lui le fruit de sa propre expérience.

de manière à ne nuire ni à l'agrément du coup d'œil ni aux conditions essentielles de propreté et de bon entretien, en proportionnant d'ailleurs la population à la grandeur de l'habitation.

Bien que la disposition et la construction de cette volière soient choses à régler plus tard, nous allons cependant exposer nos idées à cet égard, et dire comment il conviendrait qu'elle fût faite pour réunir toutes les commodités requises dans un établissement de cette nature, sauf à apporter à notre plan telles modifications et tels changements qu'un examen plus approfondi fera reconnaître nécessaires.

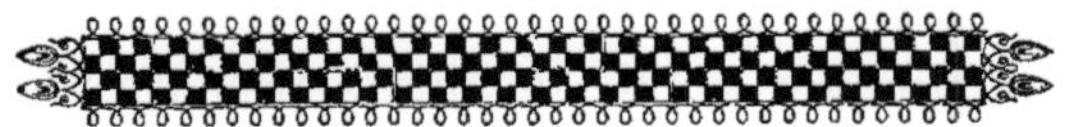

VOLIÈRE.

Son exposition. — Sa construction. — Sa distribution.

Pour rendre cette volière à la fois digne et du royal patronage que nous réclamons pour elle et de la destination scientifique que nous entrevoyons dans son avenir, pour en faire un établissement utile et un monument public destiné à prendre rang parmi ceux dont Paris s'honore comme d'autant de richesses nationales, nous pensons qu'elle devra être construite non seulement avec luxe et magnificence, mais encore sur des proportions telles que chaque oiseau puisse y trouver les meilleures conditions de bien-être, selon son espèce.

Sa forme devra être circulaire. Elle sera divisée en plusieurs compartiments dans la presque totalité de sa circonférence. La moitié du cercle sera consacrée aux volières extérieures, ou volières d'été, lesquelles seront tournées au midi *; l'autre

* Bien que l'exposition au levant, qui ne donne aux oiseaux que quelques heures de soleil le matin, soit considérée comme préférable à l'exposition au midi, qui occasionne chez eux, par la transpiration, une déperdition de calorique trop grande et nuisible à leur santé, je crois cependant que ce dernier mode

moitié contiendra les volières intérieures, ou volières d'hiver, dans lesquelles sera entretenue une chaleur convenable*.

De l'intérieur du bâtiment on entrera dans chaque compartiment par une porte de service établie dans le fond. Une autre porte pratiquée dans la paroi latérale de chaque volière servira à faire passer les oiseaux de la volière d'été dans la volière

devra être adopté pour la volière dont il est question ici, à cause des oiseaux étrangers qu'elle est destinée à renfermer. J'entends du reste qu'ils y seront garantis des rayons du soleil pendant les heures de la plus forte chaleur, soit au moyen de stores, soit par l'ombrage d'arbres plantés à cet effet devant cette volière.

* Chaque compartiment de la volière intérieure devra être séparé du compartiment contigu par un vitrage. Des bouches de chaleur communiquant dans chacun d'eux donneront aux oiseaux une température variée, appropriée à chaque espèce.

d'hiver, et réciproquement d'un compartiment dans l'autre *.

Par cette disposition, que nous croyons la plus convenable, en moins d'un jour on accomplira pour nos petits amis une migration presque insensible et exempte de toutes les fatigues et de tous les dangers d'une longue route : ils n'auront point eu à traverser les mers pour aller chercher dans des

* Pour conserver aux compartiments de la volière d'hiver la même largeur qu'à ceux de la volière d'été, sans cependant leur consacrer tout entière la moitié restant de la circonférence, j'ai dû faire passer les oiseaux des deux compartiments les plus au centre dans deux compartiments contigus et par une porte de face ; tandis que, pour les autres, le passage devra s'effectuer par une porte latérale, et qu'il y aura à cet effet une succession à suivre pour faire arriver les oiseaux dans le compartiment intérieur qui leur aura été destiné. Je donnerai au besoin un plan de cette volière, à l'aide duquel on comprendra facilement mon idée.

climats lointains, sous un ciel plus hospitalier, une température plus chaude; ils n'auront eu à redouter ni les orages ni les vents contraires, ni la serre du faucon, le plomb meurtrier du chasseur ou les mille piéges de l'enfant *.

Indépendamment de cette division générale que nous sommes loin de proposer comme définitive, nous devons dire encore qu'il conviendra d'avoir dans l'intérieur du

* La Fontaine, que son talent comme poète fait trop oublier comme naturaliste, mais auquel je me plais à rendre la justice qui lui revient sous ce dernier rapport, a décrit avec une vérité touchante les vicissitudes auxquelles est exposé l'oiseau dans ses voyages, dans sa fable intitulée : *Les deux pigeons*, qui commence par ces vers :

Deux pigeons s'aimaient d'amour tendre.
L'un d'eux, s'ennuyant au logis,
Fut assez fou pour entreprendre
Un voyage en lointain pays.

(Liv. IX, fab. 2.)

bâtiment des cages particulières pour les oiseaux nouvellement pris et pour quelques uns qui demandent à être seuls; et d'autres cages aussi pour les malades, qu'il est nécessaire d'isoler pour leur donner les soins et les soumettre au régime que réclame leur état *.

La propreté étant la première condition du bon état de santé des oiseaux domestiques, et une longue expérience nous ayant

* La captivité étant pour les petits oiseaux la cause de plusieurs maladies, on a cherché les moyens de les guérir. Cette partie de la thérapeutique animale, quoique peu avancée encore, malgré les progrès en tout genre de la médecine en général, fournit cependant déjà, au point où elle est arrivée, les moyens de sauver des sujets rares et précieux. Elle a même fixé l'attention de quelques hommes de mérite, et donné lieu à quelques travaux, parmi lesquels il faut citer ceux de Bechstein, ceux du docteur Handel, ceux de M. Machado, dans sa *Théorie des ressemblances*, etc., etc.

démontré que la plus grande mortalité chez ceux que l'on tient dans cette condition provient surtout du défaut d'eau pour se baigner à volonté et de la corruption très prompte de celle qu'on leur donne pour boisson, nous regardons comme essentiel que notre volière soit traversée dans toute sa longueur par un petit filet d'eau courante s'élargissant, à son passage dans chaque compartiment, en une nappe peu profonde, coulant sur un fond sablé, et qui servira à la fois de bain et d'abreuvoir. Par ce moyen, on obviera complètement au grave inconvénient que nous venons de signaler.

Il est facile de voir, par tout ce qui précède, que nous n'avons pas songé un seul instant à rassembler pêle-mêle dans une seule volière tous les oiseaux, sans distinction de genres, mais qu'au contraire notre intention a toujours été de former autant de sections que la nature a établi d'espèces différentes : la nécessité de ces catégories est du reste facile à concevoir.

La direction constante de nos études a surtout eu pour but la propagation des espèces à l'état de captivité. Nous avons recueilli sur cette question neuve encore des données d'autant plus précieuses, qu'elles sont pour nous le résultat de l'observation de faits accomplis sous nos yeux.

Nous croyons devoir mentionner ici cette circonstance, parce que nous pensons qu'en soumettant à des essais de ce genre quelques oiseaux choisis parmi les plus beaux et les plus rares de la volière, on pourra obtenir, en procédant bien, des couvées qui viendront non seulement concourir à son entretien par la reproduction, mais encore parce que nous y voyons pour le Cabinet d'histoire naturelle un moyen de remplacer dans ses armoires des sujets détériorés par le temps ou les insectes.

Ce n'est donc pas, comme nous l'avons déjà dit à Votre Majesté, un simple objet d'embellissement que nous vous proposons, mais la création d'un établissement du plus haut intérêt pour la science, à l'aide duquel le Jardin des plantes verra se combler pour lui la lacune que nous avons déjà signalée, et s'établir dans son sein tout un nouvel ordre d'études, c'est-à-dire un cours complet d'ornithologie pratique et expérimentale, destiné à porter un jour nouveau dans la connaissance des oiseaux *.

* On pourra dès lors établir des bases à peu près certaines sur la durée de la vie des oiseaux, travail du plus haut intérêt, et qui est tout entier à faire.

L'accouplement, la ponte, l'incubation et l'éducation de leurs petits sont les actes les moins connus de la vie des oiseaux : ce sont cependant les plus curieux et les plus dignes de l'attention du savant et de l'observateur; car c'est dans ces faits, à grand tort, sans doute, négligés par la *haute science,* que la nature se montre le plus à découvert; c'est dans ses accidents les plus simples en apparence que, bien observée, attentivement étudiée, elle laisse surprendre ses secrets les plus cachés, et nous dévoile ses moyens et ses voies les plus intimes. Aussi regardons-nous l'application de nos principes à cette partie de l'ornithologie comme devant amener les plus heureux résultats, surtout à l'égard des granivores, qui fournissent déjà plusieurs exemples pareils, et des colombes en général, famille si nombreuse, si riche en belles variétés, si intéressante par la douceur de ses mœurs et sa facilité à se faire à la vie domestique *.

Mais ces considérations sont quant à présent d'un intérêt secondaire. Il nous reste à vous entretenir d'un point plus important, duquel dépend tout le succès de l'entreprise que nous avons l'honneur de soumettre à votre agrément. Nous voulons parler des moyens de peupler primitivement cette volière, et des conditions que devront offrir ceux qui seront chargés de cette mission.

Pour ce qui est des oiseaux de France, c'est chose facile et qui ne demande d'autre soin que de faire un bon choix, c'est-à-

* J'ai même de fortes raisons pour penser que l'on pourrait amener à l'état sauvage, en France, plusieurs de ces oiseaux. Par ce moyen, nos bois et nos parcs s'enrichiraient de nouvelles espèces.

dire de savoir se procurer ceux qui seront dans les meilleures conditions possibles de viabilité et de chant. Cette dernière qualité est celle qui doit surtout guider dans la préférence à accorder à tel oiseau plutôt qu'à tel autre *, la nature s'étant généralement montrée peu libérale envers ceux de notre pays dans la répartition qu'elle a faite des ornements du plumage **. Ce-

* On trouve parmi les oiseaux, même parmi ceux de semblable espèce, des inégalités extraordinaires dans la perfection et l'étendue du chant. J'ai vu des amateurs acheter des rossignols cinquante francs, et ne vouloir à aucun prix de certains autres, bien qu'ils chantassent autant et aussi fort que les premiers. Ces grandes différences dans la valeur de certains oiseaux proviennent du plus ou moins de pureté dans leur chant naturel ; mais ce sont là des distinctions qu'un amateur éclairé est seul à même de faire.

** Le rossignol, par exemple, dont la voix à des intonations si ravissantes, des éclats si merveilleux,

pendant toute personne qui joindra un peu de discernement et quelques données ornithologiques aux qualités, plus essentielles, qu'on est convenu d'appeler *connaissances d'amateur,* sera à même de s'acquitter convenablement de ce soin.

Il ne saurait en être de même à l'égard des oiseaux exotiques; et l'on concevra sans peine que d'autres conditions, que des garanties plus sérieuses devront être exigées de ceux qui seront appelés à aller chercher à l'étranger les oiseaux les plus propres à former un ensemble digne de figurer dans le palais que votre munificence leur aura fait élever, les plus en état de soutenir en gens de bonne maison le rang

a le plumage presque uniforme, ne variant que du roux-brun au gris-blanc; le troglodyte, au chant si pur, est presque entièrement roux.

distingué que votre royale sollicitude leur aura assigné au milieu des merveilles de tous les mondes.

Si l'on réfléchit aux difficultés qui peuvent se présenter pour atteindre ce but, combien le transport de ces oiseaux à Paris sera long et exigera de précautions, on comprendra que le gouvernement ne saurait choisir avec trop de circonspection ceux qu'il chargera de cette mission. En effet, ils devront non seulement être bons ornithologistes et posséder à fond les connaissances exigées de tout naturaliste voyageur *, mais encore y joindre celles du chasseur, ou, pour nous expliquer plus

* Je crois devoir insister sur ce point important; car, pour rendre leurs voyages plus profitables, je pense qu'ils devront aussi faire porter leurs recherches sur tous les objets qui sont du ressort ordinaire du naturaliste voyageur.

clairement, celles d'un oiseleur adroit et expérimenté, c'est-à-dire connaître les piéges, les appâts et les différentes ruses dont ce dernier fait usage pour atteindre son but, qui est de se procurer le plus d'oiseaux possible par tous les moyens connus et à l'aide de toutes les ressources que fournit l'art de les prendre.

Ces ressources, généralement trop négligées, sont loin cependant d'être sans importance; nous les considérons même comme devant être d'un si grand secours à tout naturaliste qui entreprend un voyage de découvertes, que nous les regardons, pour la partie ornithologique surtout, comme devant rendre ses recherches beaucoup plus productives et moins longues.

Ici, en effet, il ne suffit plus de savoir

sur la vie des oiseaux ce qui est mentionné dans les livres : il faut encore bien connaître les mœurs de chacun d'eux, leurs habitudes, leurs goûts, et surtout leurs préférences : car ce n'est qu'alors qu'on possède bien toutes ces choses que l'on peut compter sur un succès de quelque importance.

On trouve sur la chasse aux oiseaux quelques règles posées dans différents traités particuliers; mais le meilleur livre sur cette matière c'est la nature, livre toujours ouvert pour qui veut y lire. Cependant, comme ces traités donnent de bonnes descriptions des différents piéges employés, et qu'ils enseignent la manière de s'en servir, sous ce rapport du moins ils peuvent être utiles; d'un autre côté aussi, bien qu'ils ne traitent guère que des oiseaux d'Europe, comme ils indiquent assez bien les appâts qui conviennent à chacun d'eux, le naturaliste chasseur pourra encore, en s'aidant de son expérience et en raisonnant par analogie et par induction, y trouver de bons renseignements.

Ainsi, par exemple, sachant qu'en France on prend très facilement le rossignol avec un ver de farine, le merle avec les baies du sorbier, la grive avec des raisins, la troglodyte mâle avec une femelle de son espèce, les alouettes avec un miroir, etc., etc.; apprenant encore, par la lecture de ces traités, que tels oiseaux donnent facilement dans le piége, s'ils y sont attirés par le chant d'autres oiseaux de leur espèce, nommés, à cause de cela, *appelants*, et que l'on tient en cage pour s'en servir au besoin; que pour tels autres enfin il suffit de contrefaire leur cri avec de petits instruments appelés *appeaux*, ou même simplement avec la bouche, quand on s'est exercé suffisamment à cet art, il devra tirer parti de ces diverses indications pour appliquer dans les pays étrangers les mêmes principes aux mêmes usages, en tenant compte du reste des saisons et des différences que présentent les localités dans lesquelles il se trouvera *.

On voit par là que dans la chasse aux

* L'oiseleur consommé dans son art sait tirer parti de tout : l'état de l'atmosphère, la direction du vent, l'heure du jour, telle position, tel accident de terrain, la terre nouvellement remuée, une petite mare au milieu d'un bois, une source dans un pays généralement privé d'eau, telle herbe, telle plante plus abondante dans un canton que dans un autre, sont autant de circonstances qu'il sait mettre à profit et faire concourir à son but, selon l'oiseau qu'il veut prendre, le genre de chasse auquel il veut se livrer ou le piége dont il a dessein de faire usage.

oiseaux il n'y a pas seulement à exploiter leur appétit ou leur friandise, mais encore leurs passions ou leurs penchants. On ne peut pas non plus faire usage indifféremment de toute espèce de piéges : celui qui convient pour tel oiseau ne convient pas pour tel autre. Les traités d'aviceptologie fournissent d'excellentes données à cet égard *.

Mais les différents moyens à employer et les divers modes de chasse à mettre en usage devant varier selon les oiseaux qu'on se propose de prendre, selon les lieux, les saisons et les ressources dont on peut disposer, on conçoit que nous ne pourrions donner sur tous ces points que des

* Le *Dictionnaire économique* de Chomel, d'où ont été tirés tous les manuels et tous les traités d'aviceptologie publiés dans ces derniers temps, est encore le meilleur ouvrage en ce genre.

indications vagues et fort incomplètes. Si les ornithologistes chasseurs veulent acquérir sur ce point des notions utiles, qu'ils abandonnent pour un instant leurs savantes théories ; qu'ils accompagnent quelquefois nos oiseleurs dans leurs excursions aux environs de Paris : ils en apprendront plus en un mois à ce cours pratique de l'art de prendre les oiseaux que dans tous les traités spéciaux.

Afin de ne pas se trouver pris au dépourvu, le naturaliste oiseleur ne devra pas se mettre en voyage sans s'être muni de tous les objets nécessaires à sa spécialité, tels que piéges, filets et appeaux de toute sorte.

Quant aux appelants, qui sont le plus puissant auxiliaire pour attirer dans le filet les oiseaux de même espèce, il faut qu'ils aient été depuis longtemps en cage. Toutes les fois que l'ornithologiste pourra s'en procurer dans la localité, il ne devra pas négliger ce moyen de succès *.

* La saison de l'automne est la plus favorable pour la chasse aux petits oiseaux, parce qu'alors la gent volatile est augmentée de tous les jeunes de l'année, qui, peu défiants encore, donnent plus facilement dans le piége, et se rassemblent par bandes pour se préparer à quitter nos pays pendant l'hiver; mais cette saison aussi est celle où les oiseaux en général entrent en mue, et où par conséquent ils cessent complètement de chanter. Les *appelants* seraient alors inutiles, si l'on n'avait trouvé le moyen d'obvier à cet inconvénient. A cet effet, les oiseleurs, deux mois environ avant le temps propice pour la chasse, c'est-à-dire vers le 15 juillet, sont dans l'habitude de renfermer leurs appelants dans des armoires, chacun séparément dans une petite cage de six pouces carrés. Ainsi privés de lumière et presque entièrement d'air, ces pauvres reclus subissent une mue anticipée et forcée. On les rend à la lumière dans le commencement de septembre. Alors quand ils revoient le jour, il semble qu'ils retrouvent un nouveau printemps : leur voix reprend

A son arrivée dans le pays qu'il aura dessein d'explorer, le naturaliste chasseur devra tout d'abord prendre auprès des indigènes tous les renseignements propres à rendre ses recherches plus faciles et plus fructueuses *. Pour ne pas s'exposer à perdre souvent un temps précieux en recherches vaines, il devra reconnaître d'abord

toute sa force et tout son éclat. Mais, hélas! ces accents si mélodieux, ces chants pleins de fraîcheur, qui donnent à cette époque un si grand prix à ces oiseaux, sont funestes à leurs frères, puisque l'homme les met à profit pour les attirer dans ses filets.

* On élève à Lisbonne beaucoup de ces petits oiseaux. On en pourrait tirer de cette ville un grand nombre qui auraient déjà, avant d'arriver en France, un commencement d'acclimatation, puisque la température du Portugal est moins élevée que celle de la plupart des régions d'où les Portugais tirent eux-mêmes ces oiseaux. Ce n'est là du reste qu'une simple indication, mais je la donne parce que je crois qu'elle peut devenir utile.

le terrain sur lequel il aura le projet de chasser, et chercher par tous les moyens en son pouvoir des indications propres à le guider d'une manière à peu près certaine.

N'oublions pas non plus de recommander aux naturalistes voyageurs de se procurer, toutes les fois qu'ils le pourront, des nids des différents oiseaux qu'ils prendront, et d'attacher à chacun d'eux une note exacte de l'espèce à laquelle il appartient, ces nids devant servir aux essais de propagation à l'état de captivité, dont nous avons parlé plus haut *.

* Je ne prétends pas dire par là qu'il soit rigoureusement nécessaire de leur donner des nids tout faits, mais seulement que ce sera un moyen sûr de mettre à leur portée, dans les volières, les mêmes matériaux avec lesquels chacun d'eux construit le sien.

Mais les obligations de l'ornithologiste chasseur ne se bornent point là. Après avoir pris des oiseaux et constaté leur espèce, il faudra encore qu'il sache les mettre au régime le plus convenable pour les habituer à la captivité. Si ce sont des insectivores, il devra savoir les *sevrer* *, et placer chacun d'eux dans les conditions les plus convenables, en leur donnant les soins nécessaires et la nourriture appropriée à leurs goûts connus ou présumés.

A l'égard des granivores principalement, l'inspection attentive de la contrée choisie pour lieu de la chasse fournira au naturaliste d'utiles renseignements : il devra exa-

* *Sevrer* un oiseau, en terme d'oisellerie, c'est l'habituer à une nourriture quelconque, pâtée ou autre, qui doit désormais lui tenir lieu de celle qu'il avait à l'état de liberté.

miner quelles plantes y croissent en plus grande abondance, et, parmi ces plantes, quelles sont celles dont ces oiseaux préfèrent la graine, afin que l'on soit à même de la leur donner en France ou de la remplacer par une autre ayant les mêmes propriétés ou des propriétés analogues. Dans ce but, il sacrifiera un ou plusieurs des oiseaux qu'il aura pris : par l'ouverture de l'œsophage et l'examen des substances qu'il contient, il acquerra des indices certains.

Quant aux insectivores, bien que nous ayons l'assurance de les nourrir tous avec notre pâtée, nous n'en conseillons pas moins à leur égard aussi la pratique de l'opération anatomique dont nous venons de parler, rien de ce qui peut porter la lumière dans les sciences naturelles ne devant être négligé.

Telles sont les principales conditions et les diverses connaissances que nous croyons devoir être imposées aux naturalistes qui seront chargés d'aller chercher les oiseaux nécessaires au peuplement de la volière qui fait le sujet de cette lettre. Leurs soins s'étant bornés jusqu'à ce jour à ne rapporter que des peaux et à ne faire que de l'histoire naturelle morte, si nous pouvons nous exprimer ainsi, on concevra facilement que leur ancien programme doive être changé, et qu'ils soient soumis à de nouvelles obligations, aujourd'hui qu'il s'agit de faire de l'histoire naturelle vivante.

Nous avons cru devoir entrer dans tous ces détails, afin que si un jour on veut mettre à exécution notre projet, on ne puisse pas nous accuser plus tard d'avoir conseillé une entreprise téméraire sans avoir indiqué les moyens de la conduire à bonne fin *.

Dans cet exposé sincère de nos vues et de nos désirs, nous avons la conscience de n'avoir proposé qu'une chose réalisable et pour la réussite de laquelle il n'est besoin que de trouver des hommes intéressés à son succès. Par tout ce que nous venons de dire, on comprendra aussi que l'art de prendre les oiseaux peut être autre chose qu'un amusement de l'enfance; qu'appli-

* Le livre qui résumerait les moyens employés par les naturalistes voyageurs dans leurs chasses, et qui offrirait un ensemble d'indications et de documents déduits des instincts et des préférences des différents animaux dont on peut avoir en vue de se rendre maître, serait un livre utile. Je me suis livré à de grandes recherches à ce sujet, et j'espère les compléter, grace au généreux et bienveillant concours que m'ont promis quelques personnes que leur mérite personnel place au premier rang comme savants et comme voyageurs.

qué soit aux besoins de l'histoire naturelle, soit à ceux de l'économie domestique, il devient parfois, sinon une des branches de la science, du moins un de ses auxiliaires et de ses moyens, et que souvent l'un et l'autre se prêtent des secours pour arriver en commun à un double but, le progrès des connaissances et la cause d'une plus grande somme de bien-être dans la vie des peuples *.

Avant de terminer, il nous reste encore à entretenir Votre Majesté d'un objet que nous croyons assez important : nous vou-

* Dans l'historique que je me propose de faire des chasses, il me sera facile de démontrer que c'est par leur aide que l'homme s'empare des différents animaux, soit pour ses besoins soit pour son agrément; qu'il leur dut longtemps la plus grande partie de sa nourriture, et que de nos jours encore elles fournissent abondamment nos tables des mets les plus délicats.

lons parler des conditions que devront présenter ceux qui seront appelés à soigner les oiseaux.

Placés sous les ordres du directeur des volières, ces hommes devront être d'une exactitude rigoureuse, la moindre négligence ou le plus léger oubli dans l'accomplissement des devoirs de leur charge pouvant amener de graves accidents parmi les oiseaux confiés à leurs soins. Nous pensons qu'on ne saurait mieux faire que de choisir des hommes aimant eux-mêmes les oiseaux, afin qu'ils s'acquittent de leur emploi non comme d'une charge imposée, mais avec plaisir et par goût *.

* Tous les employés actuels du Jardin du Roi, chacun dans sa spécialité, non seulement offrent ces conditions si nécessaires au bon entretien et à la bonne administration des animaux confiés à leurs soins,

Si nous avons parlé des avantages de notre entreprise, nous avons dû aussi en signaler les difficultés. Peut-être les avons-nous présentées plus sérieuses qu'elles ne sont réellement, mais c'était notre devoir. Ces obstacles, d'ailleurs, ne vous paraissent-ils pas un attrait de plus à voir s'accomplir le projet que nous soumettons à votre grace? En raison même de ces obstacles, ne presserez-vous pas davantage l'exécution d'un monument public placé sous votre patronage, et destiné à devenir, par votre royale protection, l'un des plus beaux ornements de la métropole, d'autant plus beau surtout, qu'il sera le premier et le seul de ce genre en Europe.

Si le peuplement primitif de cette volière

mais il en est même parmi eux qui s'acquittent de leur charge avec un dévoûment plus grand qu'on ne serait en droit de l'espérer d'hommes salariés.

paraît difficile, il ne faut pas craindre cependant que les hommes capables de remplir convenablement cette mission manquant jamais. A votre appel surgiront de jeunes et courageux naturalistes ; pleins de zèle et d'enthousiasme, ils iront avec joie explorer les pays les plus lointains, au delà même des limites franchies jusqu'à ce jour. Si quelques uns, victimes de leur dévoûment, périssent sur la terre étrangère, leurs noms seront inscrits à côté de ceux des Delalande, des Leschenault, des Duvaucel, des Jacquemont et des Roux, glorieux martyrs de la science. Les autres, plus heureux, vous rapporteront le fruit de leurs pénibles recherches; ils diront à Votre Majesté que, loin de la mère-patrie, les derniers vœux de leurs frères infortunés furent pour celle qui les avait honorés de sa confiance. Eux-mêmes, s'ils ont beaucoup souffert, un mot de vous les consolera de leurs peines, les récompensera de leurs travaux; et la France, après avoir emprunté à la Chine sa porcelaine et son thé, à l'Arabie son café si estimé, ses parfums si variés, à l'Égypte ses monuments antiques, au Portugal ses oranges et ses olives; après s'être enrichie de tous les trésors du Nouveau-Monde, de l'acajou de Saint-Domingue, du cacao du Mexique, du coton et de l'ambre de la Floride, du sucre de la Martinique et de la Guadeloupe, de l'or du Pérou, des pierres précieuses du Brésil; après s'être rendu propres par son commerce tant de richesses de pays si divers, en échange desquelles elle a donné les produits de son industrie et les bienfaits de sa civilisation, la France vous verra avec joie donner asile aux plus petits et aux plus jolis oiseaux de ces différentes contrées, pierres précieuses vivantes échappées de la main du créateur : elle attend de vous cette nouvelle richesse.

N'entrevoyez-vous pas là aussi la réalisation symbolique d'une grande et noble pensée qui doit être depuis longtemps la vôtre : la réunion, sous un même toit, pour y vivre en paix et dans un parfait accord, des habitants de tous les pays. C'est à vous qu'il est réservé de réaliser ce beau problème, ce rêve sublime des ames grandes et pures. Après avoir élevé pour la France de nobles et beaux enfants qui répandent sur elle le bonheur et la gloire, dotez encore sa capitale d'un établissement dans lequel vous retrouverez une famille jeune et belle; ajoutez ce nouveau fleuron à votre couronne de mère et de reine, et dans l'intérêt de votre gloire et dans l'intérêt de la science.

www.ingramcontent.com/pod-product-compliance
Ingram Content Group UK Ltd.
Pitfield, Milton Keynes, MK11 3LW, UK
UKHW012053240726
13965UKWH00003B/1268

9 782013 073738